七堂极简物理课

［意］卡洛·罗韦利　著

文铮　陶慧慧　译

CTS | K 湖南科学技术出版社　博集天卷 CS-BOOKY

Sette brevi lezioni di fisica

关于作者

卡洛·罗韦利，1956 年生于意大利，是一名理论物理学家，也是圈量子引力理论的开创者之一。曾在美国、意大利工作，现在法国马赛理论物理研究中心主持量子引力研究项目。

《七堂极简物理课》在意大利出版之后，立刻荣登畅销书榜，现已被翻译成 41 种语言出版发行。

写给中国读者的话

　　这本小书能在中国出版，我感到很荣幸。在我小的时候，中国对西方来说还是个遥不可及的所在。我读过老子、李白、曹雪芹和毛泽东的作品，深深地痴迷于这一遥远又丰富神秘的文化。后来，我开始到中国访问，结识了中国的合作伙伴、朋友，以及中国学生。我渐渐意识到，中西方的差异远没有我想象中那么巨大，两者之间的相似之处却远比我想象的多。两种文化中，人们对美、知识和探索的痴迷是一样的。我们处在一个幸福的时代，世界上不同的文化正彼此融合，成为更加丰富多彩的全球文明。这本小书正是我对这种融合的微小努力：一个科学家眼中的宇宙，它的广袤无垠，它的奇妙瑰丽，它的神秘莫测。我很骄傲地将这些想法分享给你们，我的中国朋友！

卡洛·罗韦利

Carlo Rovelli

目　录

自序

　　《七堂极简物理课》是写给那些对现代科学一无所知或知之甚少的朋友们的。这七堂课将带领读者领略 20 世纪物理学革命中最令人着迷的领域，以及这场革命开启的疑问和奥秘。因为科学不仅告诉我们如何更深入地理解这个世界，也会向我们展示未知的世界有多么广阔。

　　我们第一课要献给爱因斯坦的广义相对论，这个"最美的理论"。第二课讲量子力学，其中潜藏着现代物理学最令人困惑的部分。第三课探究宇宙：我们所栖居的宇宙的构造。第四课讲宇宙中的基本粒子。第五课探讨量子引力：旨在综合 20 世纪物理学重大发现的一些尝试。第六课讲概率和黑洞的热（heat）。本书的最后一课则回到人类自身，提出面对物理学为我们展示的这个奇异世界，我们应当如何反思自己的存在。

本书是由我发表在《24 小时太阳报》(*Sole 24 Ore*)"周日特刊"中的一系列文章扩展而来的。在此我要特别感谢阿尔曼多·马萨伦蒂先生（Armando Massarenti），正是因为他在周日文化版中开辟了科学板块，才得以彰显科学之于文化不可或缺的重要意义。同时也衷心感谢马永革教授、韩慕辛、丁优，特别是张鸣一对本书中文版的帮助。他们的才华让书中的科学描述增色不少。

第一课

最美的理论

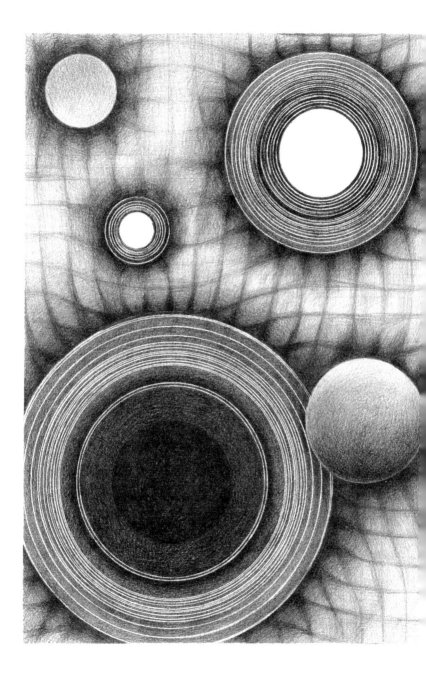

少年时代的爱因斯坦曾度过一年无所事事的时光。很可惜，现在很多青少年的父母经常会忘记这样一个道理：一个没有"浪费"过时间的人终将一事无成。那时候，爱因斯坦因为受不了德国高中的严苛教育而中途辍学，回到了他位于意大利帕维亚的家中。那个时候正是 20 世纪初，意大利工业革命刚刚开始，他的工程师父亲正在波河平原上建造第一批发电站。而爱因斯坦则在阅读康德的著作，偶尔去旁听帕维亚大学的课程——他听课只是为了好玩，既不注册学籍，也不参加考试。但正是这看似儿戏的行为使他成为真正的科学家。

后来，他去了苏黎世大学读书，开始全身心地投入到物理学的研究中。几年后的 1905 年，他向当时最负盛名的科学期刊《物理学年鉴》投寄了三篇文章，这三篇文章中的任何一篇都足以让他获得诺贝尔奖。其中第一篇指出了原子的存在，第二篇则奠定了量子力学的基础——我在下一课里会细说，而在第三篇中他提出了第一个相对论，也就是我们今天所说的"狭义相对论"。这个理论说明了对每个人来说，时间的流逝速度可以不一样——如果一对双胞胎中的一个人以高速运动，那么两人的年龄将不再相同。

爱因斯坦很快成为著名的科学家，收到了很多大学的聘书。即便是这样，仍然有些事让他心绪不宁——尽管他提出的相对论立刻获得了一片赞誉，但它与我们对引力的了解，也就是自由落体的认知产生了矛盾。他在写一篇总结相对论的论文时发现了这个问题，于是对伟大的物理学之父牛顿那著名的"万有引力"学说提出了质疑：我们能否修正一下这个理论，让它不再与新生的相对论水火不容？为此他陷入了深思，并花了十年时间来解决这个问题。在这十年里，他疯狂研究，反复尝试，不断犯错，陷入混沌。他发表过错误的论文，有过各种灵光乍现的想法，也曾误入歧途。终于，在 1915 年 11 月，他发表了一篇论文，给出了完整的解答——这是一个全新的引力理论，他称之为"广义相对论"，这是他的杰作。伟大的苏联物理学家列夫·朗道（Lev Landau）称之为"最美的理论"。

世界上有许多感人至深、无与伦比的伟大作品，比如莫扎特的《安魂曲》、荷马的《奥德赛》、西斯廷礼拜堂的穹顶画、莎士比亚的《李尔王》……想要领悟这些作品的妙处，都要经历一个从头学起的过程，但最终获得的回报将是百分之百美的享受。其实，除了美感之外，这些作品还能为我们提供一个观察世界的全新视角。广义相对论，这颗爱因斯坦的明珠，正是这样一件杰作。

我还记得自己对这个理论初有心得时的激动心情。那是大学最后一年的夏天，在卡拉布里亚大区孔多弗里城的一片海滩上，我沐浴在希腊风情的地中海艳阳下。因为没有学校课业的打扰，学生在假期里往往能更专注地学习。我当时正在研读一本书，书页的边缘都被老鼠咬烂了。每当我忍受不了博洛尼亚大学那些无聊的课程时，就会跑回位于翁布里亚山区的家中。我的家不成样子，有点嬉皮风格，我每天晚上都会用这本书堵住那些可怜的小动物的洞口。此刻，我时不时地从书页中抬起头来，看看面前波光粼粼的大海，我仿佛看到了爱因斯坦想象中弯曲的时空。

这简直就像魔法一样：宛如一位朋友在我耳边低声细语，告诉我一个不同凡响却又不为人知的真相，瞬间揭开了遮蔽真实的面纱，展现出一个更简洁、更深刻的秩序。自从得知地球是圆的，像疯狂的陀螺一样旋转之后，我们就认识到事实并非如表面所见。每当我们瞥见事实新的一面时，都会激动不已，这意味着又有一层面纱要被揭开了。

在历史的长河中，我们的知识领域里先后出现过很多次飞跃，但爱因斯坦完成的这次飞跃或许是无与伦比的。这是为什么呢？首先是因为一旦我们掌握了其精髓，这个理论便简洁得惊人。下面我来简要地叙述一下：

牛顿试图解释物体下落和行星运转的原因。他假设在万物之间存在一种相互吸引的"力量",他称之为"引力"。那么这个力是如何牵引两个相距甚远,中间又空无一物的物体的呢?这位伟大的现代科学之父对此显得谨慎小心,未敢大胆提出假设。牛顿想象物体是在空间中运动的,他认为空间是一个巨大的空容器,一个能装下宇宙的大盒子,也是一个硕大无朋的框架,所有物体都在其中做直线运动,直到有一个力使它们的轨道发生弯曲。至于"空间",或者说牛顿想象的这个可以容纳世界的容器是由什么做成的,牛顿也没有给出答案。

就在爱因斯坦出生前的几年,英国的两位大物理学家——法拉第(Michael Faraday)和麦克斯韦(James Maxwell)——为牛顿冰冷的世界添加了新鲜的内容:电磁场。所谓"电磁场",是一种无处不在的真实存在,它可以传递无线电波,可以布满整个空间;它可以振动,也可以波动,就像起伏的湖面一样;它还可以将电力"四处传播"。爱因斯坦从小就对电磁场十分着迷，这种东西可以让爸爸修建的发电厂里的发电机运转起来。很快他想到，就像电力一样，引力一定也是由一种场来传播的，一定存在一种类似于"电场"的"引力场"。他想弄明白这个"引力场"是如何运作的，以及怎样用方程对其进行描述。

就在这时，他灵光一闪，想到了一个非同凡响的点子，一个百分百天才的想法：引力场不"弥漫"于空间，因为它本身就是空间。这就是广义相对论的思想。

其实，牛顿的那个承载物体运动的"空间"与"引力场"是同一个东西。

这是一个惊世骇俗的理论，对宇宙做了惊人的简化：空间不再是一种有别于物质的东西，而是构成世界的"物质"成分之一，一种可以波动、弯曲、变形的实体。我们不再身处一个看不见的坚硬框架里，而更像是深陷在一个巨大的容易形变的软体动物中。太阳会使其周围的空间发生弯曲，所以地球并不是在某种神秘力量的牵引下绕着太阳旋转，而是在一个倾斜的空间中行进，就好像弹珠在漏斗中滚动一样：漏斗中心并不会产生什么神秘的"力量"，是弯曲的漏斗壁使弹珠滚动的。所以无论是行星绕着太阳转，还是物体下落，都是因为空间发生了弯曲。

那么我们该如何描述这种空间的弯曲呢？19世纪最伟大的数学家、"数学王子"卡尔·弗里德里希·高斯（Carl Friedrich Gauss）已经写出了描述二维曲面（比如小山丘的表面）的公式。他还让自己的得意门生将这一理论推广到三维乃至更高维的曲面。这位学生就是波恩哈德·黎曼（Bernhard Riemann），他就此问题写了一篇重量级的博士论文，但当时看起来全然无用。黎曼论文的结论是，任何一个弯曲空间的特征都可以用一个数学量来描述，如今我们称之为"黎曼曲率"，用大写的"R"来表示。后来爱因斯坦也写了一个方程，将这个R与物质的能量等价起来，也就是说：空间在有物质的地方会发生弯曲。就这么简单。这个方程只有半行的长度，仅此而已。空间弯曲这个观点，现在变成了一个方程。

然而，这个方程中却蕴含着一个光彩夺目的宇宙。从此，广义相对论这一神奇的宝藏向人们展示了一连串梦幻般的预言。它们看似疯子的胡言乱语，却全都得到了证实。

首先，这个方程描述了空间如何在恒星周围发生弯曲。由于这个弯曲，不仅行星要在轨道上绕着恒星转，就连光也发生了偏折，不再走直线。爱因斯坦预测，太阳会使光线偏折。在 1919 年，这个偏折被测量出来，从而证实了他的这一预测。其实不仅是空间，时间也同样会发生弯曲。爱因斯坦曾预言，在高空中，时间会过得比较快，而在低的地方，离地球近的地方时间则过得比较慢。这一预测后来也经测量得到了证实。如果一对双胞胎，一个住在海边，一个住在山上，只要经过一段时间，住在海边的那个就会发现，住在山上的兄弟要比自己老得快一些。然而好戏才刚刚开始。

当一个大恒星燃烧完自己所有的燃料（氢）时，它就会熄灭。残留的部分因为没有燃烧产生的热量的支撑，会因为自身的重量而坍塌，导致空间强烈弯曲，最终塌陷成一个真真正正的洞。这就是著名的"黑洞"。在我上大学那会儿，世人还不大相信这个神秘理论的预言。如今，天文学家已观测到宇宙中大量的黑洞，并对它们进行了详尽的研究。但还有更精彩的。

整个宇宙空间可以膨胀和收缩。爱因斯坦的方程还指出，空间不可能一直保持静止，它一定是在不断膨胀的。1930 年，人们确确实实观测到了宇宙的膨胀。这个方程还预测，这个膨胀是由一个极小、极热的年轻宇宙的爆炸引发的：这就是我们所说的"宇宙大爆炸"。人类再一次经历了这样的事：起初没有一个人相信这个理论，但大量证据纷纷出现在我们眼前，直至在太空中观测到了"宇宙背景辐射"，也就是原始爆炸的余热里弥漫的光。事实证明，爱因斯坦方程的预言是正确的。

此外，这个理论还说，空间会像海平面一样起伏，目前人们已经在宇宙中的双星上观测到了"引力波"的这种效应，与爱囚斯坦理论的预言惊人一致，精确到了千亿分之一。还有许多其他的例子，这里就不再细说了。

　　总之，爱因斯坦的理论为我们描绘了一个绚丽多彩而又令人惊奇的世界，在这个世界里有发生爆炸的宇宙，有坍塌成无底深洞的空间，有在某个行星附近放慢速度的时间，还有像大海扬波一般无边无际延展的星际空间……我那本被老鼠咬破的书把这一切一一呈现在我面前，这并非痴人在犯傻时随口编的故事，也不是卡拉布里亚那地中海的骄阳让我晕头转向，更不是那粼粼的海水让我产生幻觉。这些都是事实，或者更确切地说，是对事实的惊鸿一瞥，比我们平日里模糊庸常的见解要高明一点。这样的事实看似和我们的梦境有着同样的材质，但无论如何的确比我们平日那些云雾般的梦境更为真实。

　　所有这一切都源自一个朴素的直觉，那就是，空间和引力场本是一回事。这一切也可以归结为一个简洁的方程，尽管我的读者们肯定难以了解它的奥妙，但我还是情不自禁地将它抄录于此，想让大家看看它到底有多么的简洁美妙：

$$R_{ab} - \frac{1}{2} R g_{ab} = T_{ab}$$

就这么简单。当然了，要先学习和消化黎曼的数学才能解读和使用这个方程，要花些工夫、付出些辛苦才做得到。但这总比感悟贝多芬晚期弦乐四重奏的神秘之美要容易得多。无论是欣赏艺术，还是领悟科学，我们最终得到的将是美的享受和看待世界的全新视角。

第二课

量子

20 世纪物理学的两大支柱,一个是我第一课讲
的广义相对论,另一个就是我这里要讲的量子力学,
它们之间有着天壤之别。

　　这两个理论都告诉我们,自然的细微结构要比我
们看到的更加微妙。广义相对论是一颗小巧的宝石:
它是由爱因斯坦凭借一己之力思考、孕育而来的,是
关于引力、空间和时间简洁而又统一的观点。然而量
子力学,或者说"量子理论"则正好相反,它在实验
上获得了无与伦比的成功,其应用也改变了我们的日
常生活(比如我用来写文章的电脑就和它息息相关)。
但是这个理论在诞生一百多年之后,仍然笼罩在一片
神秘莫测的奇异氛围中。

　　量子力学正好诞生于 1900 年,它几乎引领了整

整一个世纪的密集思考。德国物理学家马克斯·普朗克（Max Planck）计算了一个"热匣子"内处于平衡态的电磁场。为此他用了一个巧妙的方法：假设电磁场的能量都分布在一个个的"量子"上，也就是说能量是一包一包或一块一块的。用这个方法计算出的结果与测量得到的数据完全吻合（所以应该算是正确的），但却与当时人们的认知背道而驰，因为当时人们认为能量是连续变动的，硬把它说成是由一堆"碎砖块"构成的，简直是无稽之谈。

对于普朗克来说，把能量视为一个个能量包块的集合只是计算上使用的一个特殊策略，就连他自己也不明白为什么这种方法会奏效。然而五年以后，又是爱因斯坦，终于认识到这些"能量包"是真实存在的。

爱因斯坦指出光是由成包的光粒子构成的，今天我们称之为"光子"。他在那篇文章的引言中写道：

"在我看来，如果我们假设光的能量在空间中的分布是不连续的，我们就能更好地理解有关黑体辐射、荧光、紫外线产生的阴极射线，以及其他有关光的发射和转化的现象。依据这个假设，点光源发射出的一束光线的能量，并不会在越来越广的空间中连续分布，而是由有限数目的‘能量量子’组成，它们在空间中点状分布，作为能量发射和吸收的最小单元，能量量子不可再分。”

这几句话说得简单而又清晰，是量子理论诞生的真正宣言。请注意这段话一开始“在我看来”这几个不同凡响的字眼，这不禁让人联想到，达尔文在自己的笔记中以“我认为”这几个字为开端来介绍他物种进化的伟大思想，而法拉第在其著作中第一次介绍电磁场这个具有革命意义的概念时，则提及自己“犹豫不决”。伟大的天才都懂得三思而行。

起初，爱因斯坦的这项成果被同行们当成笑柄，他们认为这个年轻才子在信口开河。后来爱因斯坦就是凭借这项研究获得了诺贝尔奖。如果说普朗克是量子理论之父的话，那么爱因斯坦就是让这一理论茁壮成长的养育者。

就像天下所有的孩子一样，量子理论长大以后就走上了自己的道路，后来爱因斯坦也不再承认这个孩子。在 20 世纪 10 – 20 年代，丹麦人尼尔斯·玻尔（Dane Niels Bohr）引领了这一理论的发展，他了解到原子内电子的能量跟光能一样，只能是特定值，而更重要的是，电子只有在特定的能量之下才能从一个原子轨道"跳跃"到另一个原子轨道上，并同时释放或吸收一个光子，这就是著名的"量子跃迁"。玻尔位于哥本哈根的研究所里，聚集着 20 世纪最具天赋的年轻科学家们，他们共同努力，试图为原子世界中种种令人困惑的现象建立秩序，以期创立一个自洽的理论。

1925 年，量子理论的方程终于出现了，取代了整个牛顿力学。很难想象什么比这更伟大的成就了。霎时间，一切现象都找到了归宿，一切都可以被计算出来。这里只举一个例子：你们记得元素周期表吧？就是门捷列夫的那个。它把宇宙中可能出现的所有元素都列了出来，从氢元素到铀元素，好多学校教室里都挂着这张表。那么为什么偏偏是这些元素被列在表上呢？为什么元素周期表的结构是这样的呢？为什么这些元素和周期会有这样的特征呢？答案就是，每一种元素都是量子力学最主要方程的一个解。整个化学学科都基于这一个方程。

率先为这个新理论列出方程的是一个非常年轻的德国天才——维尔纳·海森堡（Werner Heisenberg），他所依据的理念简直让人晕头转向。

海森堡想象电子并非一直存在，只在有人看到它们时，或者更确切地说，只有和其他东西相互作用时它们才会存在。当它们与其他东西相撞时，就会以一个可计算的概率在某个地方出现。从一个轨道到另一个轨道的"量子跃迁"是它们现身的唯一方式：一个电子就是相互作用下的一连串跳跃。如果没有受到打扰，电子就没有固定的栖身之所，它甚至不会存在于一个所谓的"地方"。

似乎上帝设计现实时没有重重地画上一笔，而只是用点隐约描出了轮廓一样。

在量子力学中，没有一样东西拥有确定的位置，除非它撞上了别的东西。为了描述电子从一种相互作用到另一种相互作用的飞跃，就要借助一个抽象的公式，它只存在于抽象的数学空间，而不存在于真实空间。

更糟的是，这些从一处到另一处的飞跃大多是随机的，不可预测。我们无法预知一个电子再次出现时会是在哪儿，只能计算它出现在这里或那里的"概率"。这个概率问题直捣物理的核心，可原本物理学的一切问题都是被那些普遍且不可改变的铁律所控制的。

这是不是很荒谬？爱因斯坦也这么认为。一方面，他提名海森堡参选诺贝尔奖，承认其探究到了世界某些最本质的东西。但另一方面，他只要一有机会就抱怨，说这实在太不合理。

哥本哈根那帮意气风发的年轻科学家们非常沮丧：为什么偏偏是爱因斯坦反对他们呢？他们的这位精神之父，曾有勇气思考那些别人想都不敢想的问题，如今却退缩了，害怕这迈向未知世界的崭新一步，这条道路难道不是他亲自开辟的吗？为什么偏偏是爱因斯坦呢？是他教导我们时间并不是普适的，空间是可以弯曲的，但现在他又说世界不可能如此荒诞离奇。

　　玻尔耐心地给爱因斯坦解释了这些新的想法，可爱因斯坦并不认同。为了证明这些新想法是自相矛盾的，爱因斯坦设计出了一些思想实验："想象一个充满光的盒子，我们允许一个光子瞬间逃逸……""光子盒"思想实验就这样开始了，这是他一系列著名例证中的一个。但最后玻尔总能成功驳斥爱因斯坦的观点。通过演讲、信件往来和论文，两位科学家的对话一直持续了好多年……在交流的过程中，两位伟大的人物都不得不做出让步，改变看法。爱因斯坦不得不承认，这些新想法中并没有自相矛盾的地方；而玻尔也不得不承认，事情并没有他最初想的那么简单清晰。但是爱因斯坦并不愿意在最关键的地方做出让步，他坚持认为确有独立于相互作用之外的客观存在。而玻尔也坚称新理论确定的这种全新又深刻的存在方式是有效的。最后，爱因斯坦承认，量子理论是人类认识世界进程中的一个巨大进步，但他还是坚信，事情不可能如此荒诞离奇，在这一切"背后"一定存在着一个更为合理的解释。

一个世纪过去了，我们还停在原点。量子力学的方程以及用它们得出的结果每天都被应用于物理、工程、化学、生物乃至更广阔的领域中。量子力学对于当代科技的整体发展有着至关重要的意义。没有量子力学就不会出现晶体管。然而这些方程仍然十分神秘，因为它们并不描述在一个物理系统内发生了什么，而只说明一个物理系统是如何影响另外一个物理系统的。这意味着什么呢？是否意味着一个系统的真实存在是无法被描述的呢？是否意味着我们还缺少一块拼图？或者在我看来，是否意味着我们要接受"所谓的真实只不过是相互作用造成的"？

我们的知识在增长，这毋庸置疑。我们可以做一些以前连想都不敢想的事情。知识的增长也开启了新的问题、新的奥秘。在实验室里运用量子力学方程的人通常不太关心这些方程本身的问题，然而近几年，越来越多的物理学家和哲学家在论文中和会议上持续探讨这个问题。量子理论诞生至今已有一百多年，但它究竟是什么呢？是对世界本质的一次非同凡响的深刻探究？是侥幸灵验的一个美丽错误？是不完整谜团的一部分？还是关于世界结构这样艰深问题的一个线索，只是我们目前还消化不了？

　　爱因斯坦去世的时候，玻尔——他最强劲的对手——表达了对他的敬仰之情，感人至深。几年后，当玻尔也去世的时候，有人拍下了他书房黑板的照片。黑板上画着一幅图，是爱因斯坦思想实验中那个"充满光的盒子"。直到生命的最后一刻，他仍在挑战自己，仍然想要知道得更多。直到最后一刻，他仍未停止怀疑。

第三课

宇宙的构造

20 世纪上半叶，爱因斯坦用相对论描述了空间和时间的运作方式，而玻尔和他年轻的门徒们则用一系列方程捕捉到了物质奇怪的量子特性。20 世纪下半叶，物理学家们在此基础上，把这两个新理论广泛应用在了自然界的各个领域：从宏观世界的宇宙构造，到微观世界的基本粒子。这节课我先讲宇宙的构造，下节课再说基本粒子。

这节课主要由简单的图示组成。这是因为在实验、测量、计算和严格的推导之前，科学首先是视觉活动。科学思想得益于以新的方式"看"事物的能力。下面我会试着带大家体验一番这样的视觉之旅。

下面这幅图反映了几千年来人们对宇宙构造的认识：地在下，天在上。

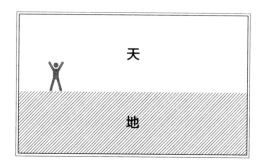

第一次伟大的科学革命是 2600 年前由阿那克西曼德（Anaximander）发起的，他想弄明白为什么太阳、月亮和星辰都围着我们转。于是宇宙变成了下面这幅图的样子：

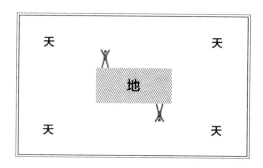

　　现在天空不仅在地面的上方，还把地球包围了起来，而地球是一块飘浮在空中、不会坠落的大石头。很快就有人——或许是巴门尼德（Parmenides），或者毕达哥拉斯（Pythagoras）——意识到，对一块飞在空中的土地而言，最合理的形状就是球形，因为球体在各个方向上都是相等的。亚里士多德用很多具有说服力的科学论述证明了地球是圆的，天空环绕着大地，星辰在天空中运行。结果宇宙变成了这样：

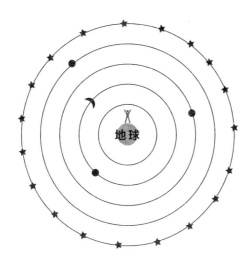

　　这是亚里士多德在他的著作《论天》中描述的宇宙，这张图也代表了从地中海文明时期到中世纪结束之前，人们对宇宙的认知。但丁和莎士比亚在学校里学的就是这样的宇宙图。

　　下一个对宇宙认知的飞跃是由哥白尼完成的，后来的"科学大革命"也由此开启。其实，哥白尼的宇宙观和亚里士多德的并没有多大区别。

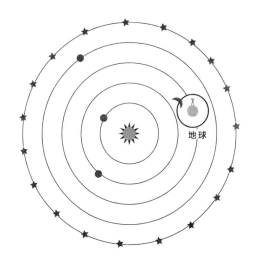

地球

　　但它们之间确实存在一个关键的不同，哥白尼重拾了一个古老的观点。他深思熟虑后指出，处在那些行星运动中心的不是我们的地球，而是太阳。我们的地球只是那些行星中的一员，一边高速自转，一边绕着太阳旋转。

　　我们的知识持续增长，借助不断改进的科学仪器，我们很快知道，太阳系只是不计其数的星系中的一个，而我们的太阳也只是众多恒星中普普通通的一颗，是浩瀚银河系星云中的沧海一粟而已。

　　但是在 20 世纪 30 年代，天文学家们对星云（恒星之间近乎白色的云团）进行精确的测量后发现，银河系本身也只是众多星系间浩瀚星云中的一粒尘埃。

这些星系一直蔓延到我们最强大的天文望远镜也看不到的地方。世界现在成了一片均匀的、没有尽头的疆域。下面的图像不是画出来的，而是太空轨道上的哈勃望远镜拍到的一张照片。它向我们展示了最强大的望远镜可以看到的宇宙最深处。如果用肉眼看的话，将会是漆黑夜空中极其微小的一片。通过哈勃望远镜我们却可以看到无数遥远的光点。图中的每一个黑点都是一个星系，其中有上千亿个如太阳般的恒星。近几年我们发现，绝大多数这样的恒星周围都有行星环绕。所以在宇宙中还存在着不计其数的像地球一样的行星。无论望向夜空的哪个方向，我们都会看到这样的画面：

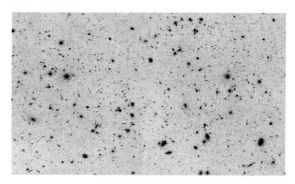

这片均匀无边的宇宙并不像看上去那么简单。就像我在第一节课中解释过的那样，空间不是一马平川，而是弯曲的。宇宙布满了星系，所以我们想象它的纹理会像海浪一样起伏，激烈处还会产生黑洞空穴。我们再看一幅绘制的图片，看看被这些巨浪搅动的宇宙是什么样子。

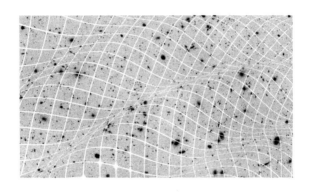

我们今天终于知道，这个布满星系、富有弹性的浩瀚宇宙是大约 150 亿年前由一个极热极密的小星云演化而来的。为了表现这一点，我们不再需要画出宇宙的样子，而应画出宇宙的整个历史，如下图所示：

35

　　宇宙诞生的时候就像一个小球，大爆炸后一直膨胀到它现在的规模。这就是我们现在对宇宙最大程度的了解了。

　　还有别的什么吗？宇宙爆炸之前还有什么东西存在吗？或许还有。我们在两课之后再讲吧。那么还有没有与我们类似或者完全不同的宇宙呢？这我们还无从知晓。

第四课

粒子

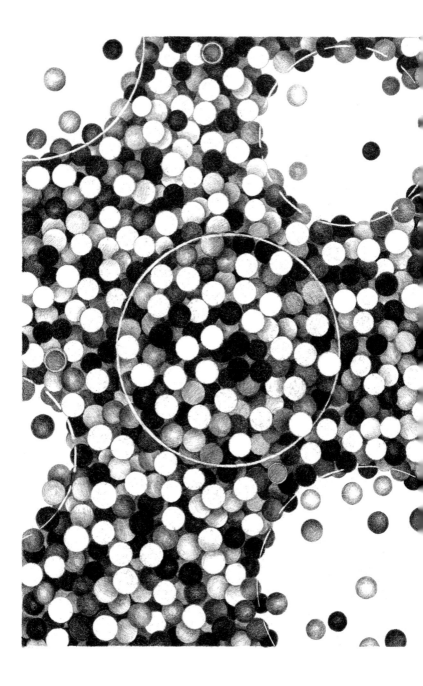

上节课我们说到了宇宙，里面有光和其他物质在运动。光由光子组成，这是爱因斯坦凭直觉想出的光的微粒。我们看到的物体都是由原子组成的。原子由一个原子核和围绕它的电子组成，原子核由紧密聚集在一起的质子和中子构成。质子和中子则由更小的粒子构成，美国物理学家默里·盖尔曼 (Murray Gell-Mann) 为它们取名"夸克"(quark)。他的灵感来自詹姆斯·乔伊斯的小说《芬尼根守灵夜》中一句没有意义的话里的一个没有意义的词：" 给马斯特·马克来三夸克！ "我们触碰到的每样东西都是由电子和这些夸克组成的。

夸克之所以能够在质子和中子里"黏"在一起，是因为一种物理学家们称作"胶子"(gluons)的粒子，它是从英文的"胶水"（glue）变化而来的，科学家们取名时似乎并没有发觉这个词有点可笑。

我们身边的所有物体都是由电子、夸克、光子和胶子组成的，它们就是粒子物理学中所讲的"基本粒子"。除此之外还有几种粒子，例如中微子（neutrino）——它布满了整个宇宙，但并不跟我们发生交互作用，还有希格斯玻色子（Higgs boson）——不久前日内瓦欧洲核子研究中心的大型强子对撞机发现的粒子。但这些粒子并不多，只有不到十种。这少量的基本原料，如同大型乐高玩具中的小积木，靠它们建造出了我们身边的整个物质世界。

量子力学描述了这些粒子的性质和运动方式。这些粒子当然并不像小石子那般真实可感，而是相应的场的"量子"，比方说光子是电磁场的"量子"。就跟在法拉第和麦克斯韦的电磁场中一样，它们是这些变化的基底场中的元激发，是极小的移动的波包。它们的消失和重现遵循量子力学的奇特定律：存在的每样东西都是不稳定的，永远都在从一种相互作用跃迁到

40

另一种相互作用。

即使我们观察的是空间中一块没有原子的区域，还是可以探测到粒子的微小涌动。彻底的虚空是不存在的，就像最平静的海面，我们凑近看还是会发现细微的波动和振荡。构成世界的各种场也会轻微地波动起伏，我们可以想象，组成世界的基本粒子在这样的波动中不断地产生、消失。

这就是量子力学和粒子理论描述的世界。这同牛顿和拉普拉斯（Laplace）的世界相去甚远：在那里，冰冷的小石子在不变的几何空间里沿着精确而漫长的轨迹永恒不变地运动着。量子力学和粒子实验告诉我们，世界是物体连续的、永不停歇的涌动，是稍纵即逝的实体不断地出现和消失，是一系列的振荡，就像20世纪60年代时髦的嬉皮世界，一个由事件而非物体构成的世界。

粒子理论的细节在20世纪50—70年代逐渐得到完善。参与这项工作的有20世纪最伟大的物理学家，如理查德·费曼（Richard Feynman）和盖尔曼，还有一群举足轻重的意大利人。这些细节的建构导出了一个复杂的理论，它建立在量子力学的基础上，被称为"基本粒子标准模型"，一个不太浪漫的名字。20 世纪 70 年代，在其所有预测被一系列实验证实之后，这个"标准模型"终于得以确立。1984年，我们意大利现在的参议员卡洛·鲁比亚（Carlo Rubbia）还凭着这个模型的首批数据获得了诺贝尔奖。2013 年希格斯玻色子的发现，完成了"标准模型"确认工作的最后一环。

虽然有一系列成功的实验，物理学家们却从未真正认真看待"标准模型"。这个理论至少第一眼看上去零零碎碎，东拼西凑。它由不同的理论和方程集合而成，看不出有什么清晰的秩序。它描述了某些场，通过由某些常数决定的某些力相互作用，表现出某些对称性（可为何非得是这些场、这些常数、这些力和这些对称性呢）。我们距离广义相对论和量子力学的简洁方程还很遥远。

标准模型方程对世界进行预测的方式也复杂得离

谱。直接使用这些方程会得出毫无意义的预测，因为
计算出来的每个数都是无穷大。要想得到有意义的结
果，必须假定参数本身就是无穷大，才能抵消荒谬的
结果，让它们变得合理。这道曲折迂回的程序就是
"重整化"（renormalization）；它在实际应用上是可
行的，但那些追求简洁性的人仍觉得有所欠缺。

　　爱因斯坦之后 20 世纪最伟大的科学家，量子科
学最重要的建立者，标准模型第一个也是最主要的方
程的作者——保罗·狄拉克（Paul Dirac），在他生
命的最后几年曾反复表达他对这一状况的不满，他说：
"我们还没有解决这个问题。"

　　近几年，标准模型还出现了一个明显的缺陷。天
文学家们发现，在每一个星系的周围都存在着一团巨
大的云状物。我们是通过它对星体的引力和它使光发
生偏折的现象才间接发现它的。我们无法直接看到这
团巨大的云，也不知道它由什么组成。科学家们提出
了很多假设，却没有一个说得通。很明显有东西在那
儿，但它具体是什么，我们却无从知晓。今天我们把

它称为"暗物质"（dark matter），一种无法用标准模型描述的东西，不然我们也不会看不见它了。它不是原子，不是中微子，也不是光子……

亲爱的读者，天空和大地上存在着超出我们的哲学或物理学想象的东西，这也不是什么新鲜事了。就在不久之前，我们还在怀疑无线电波和中微子的存在呢，尽管它们充满了整个宇宙。

迄今为止，标准模型仍然是解释物质世界最好的理论，它的预测全都得到了证实。除了暗物质和广义相对论中被描述为时空曲率的引力之外，它很好地解释了已知世界的方方面面。

曾有人提出其他理论，试图替代标准模型，但都被实验推翻了。例如，20 世纪 70 年代有人提出了一个不错的理论，称为 SU（5）理论，它用一个更简洁优雅的结构取代了标准模型中无序的方程。这个理论预测质子会以一定的概率衰变，分解成电子和夸克。科学家们造了很多巨型仪器，来观测质子的衰变。有些物理学家为寻找可观测到的质子衰变奉献了一生（由于衰变需要太长时间，所以不能一次只观测一个质子，人们取来成吨的水，在周围安装灵敏的探测器观测质子衰变的效应）。可是，唉，至今还没有人观测到质子的衰变呢。SU（5）这个漂亮的理论，虽然简洁美妙，却得不到上帝的青睐。

同样的故事也许正在上演。有一种被称为"超对称"的理论预言存在一类新粒子。在整个物理生涯中，我不断听说有同事在满怀信心地期待着这些粒子不日就被发现。但是随着时间的流逝，一天天、一月月、一年年、数十载……这些超对称粒子依然没有现身。物理学史并非只有成功。

所以我们现在还只能依赖标准模型。它可能不太优美，但是用来解释我们周围的世界却很好用。谁知道呢，仔细想想，或许并不是这个模型不优美，而是我们还没有学会从正确的角度看待它，没有发现隐藏其中的简洁。如今，这就是我们对物质的认识：

屈指可数的几种基本粒子，不断地在存在和不存在之间振动、起伏，充斥在似乎一无所有的空间中。

它们就像宇宙字母表里的字母，以无穷无尽的组合，讲述星系、繁星、阳光、山川、森林、田地，以及节日里孩子脸上的笑容和星光璀璨的夜空的漫长历史。

第五课

空间的颗粒

我前面介绍的物理理论，尽管有些晦涩繁杂，并且有的问题仍旧悬而未决，却已经比过去更好地描述了这个世界。我们本该对此心满意足，可事实却并非如此。

　　在我们所了解的物理世界的中心，存在着一个悖论。我说过，20世纪物理学的两颗明珠是广义相对论和量子力学。前者是宇宙学、天体物理学、引力波、黑洞以及其他许多研究的起源；后者则是原子物理、核物理、基本粒子物理、凝聚态物理等学科的基础。这两个理论带来了丰富的成果，奠定了当代科技的基石，彻底改变了我们的生活方式。但这两个理论不可能同时正确。至少依照目前的形式，它们是相互矛盾的。

　　一个大学生如果早上听了广义相对论的课，下午学了量子理论，可能会觉得教授们犯糊涂了，或者怀疑他们是不是至少有一个世纪没有交流过了，不然为什么早上世界还是弯曲的空间，所有东西都是连续的，下午它就成了一个能量量子跃动的平直空间？

悖论在于两个理论都非常好用。大自然就像一位年长的拉比，有两个人跑去找他解决争端。听了第一个人的话，拉比说："你说得有道理。"第二个人坚持为自己辩解。拉比听完对他说："你说得也有道理。"拉比夫人在另一个房间听到了他们的谈话，大声说道："但是他们两个不会都有道理吧？"长老认真思考了一下，点点头说："你也很有道理。"

一群散布于五大洲的理论物理学家正在努力解决这个问题。这个研究领域被称为"量子引力"，其目标是找到一个理论，也就是一系列方程——但首先是一个统一的世界观——来解决现在这种"精神分裂"的局面。

物理学已经不是第一次面对两个看起来完全对立的伟大理论了。而过去每一次成功地将相互矛盾的两个理论统一时，我们的世界观都产生了巨大的飞跃。牛顿整合了伽利略的抛物线运动和开普勒的天体椭圆运动，发现了万有引力。麦克斯韦将电和磁的理论结合起来，提出了电磁场方程。爱因斯坦在解决电磁学和经典力学的明显冲突时，发现了相对论。因此，物理学家发现这种伟大理论之间的矛盾时只会兴奋不已：这是一个难得的机会。我们是否可以建立一个思考世界的概念框架，来兼容上述两种理论呢？

在这里，在科学的前沿，在人类认知能够抵达的边界，科学变得愈发迷人了，它闪耀在对原初想法的锻造中，在直觉和尝试里，在那些被选择又被放弃的道路上，在不断产生的热情中，在于努力想象那些从未被想象过的事。

二十年前，这个领域还是一团迷雾，现在道路已经出现，唤起了大家的乐观与热情。然而道路不止一条，因此还不能说问题已经解决。多样性引发了争论，但这是健康的：在迷雾完全消散之前，相互批评，各抒己见，是有益而无害的。解决这个问题的 ·个重要尝试就是"圈量子引力"（Loop Quantum Gravity）这个研究方向，许多国家的研究小组都在从事相关研究。

圈量子引力试图把广义相对论和量子力学结合起来。这个尝试很谨慎，它只使用这些理论中已有的假设，适当改写这两个理论，使它们相容。但它的结论相当激进：它又一次深刻地改变了我们看待现实世界的结构的方式。

它的中心思想很简单。广义相对论告诉我们空间不是一个静止的盒子，而是在不断运动，像一个移动中的巨大软体动物，可以压缩和扭曲，而我们被包在里面。另一方面，量子力学告诉我们，所有这样的场都"由量子构成"，具有精细的颗粒状结构。于是物理空间当然也是"由量子构成的"。

这正是圈量子引力的核心结论：空间是不连续的，不可被无穷分割，而是由细小的颗粒，或者说"空间原子"构成的。这些颗粒极其微小，比最小的原子核还要小几亿亿倍。圈量子引力用数学形式描述了这些"空间原子"，也给出了它们演化的方程。它们被称为

"圈"或环，因为它们环环相扣，形成了一个相互关联的网络，从而编织出了空间的纹理，就像细密织成的巨大锁子甲上的小铁圈一样。

这些空间的量子在哪里？它们不存在于任何地方，也不在"空间之中"，因为它们本身就是空间。空间就是一个个引力量子相互勾连而成的。世界又一次显得更接近关系的集合，而非物质的集合。

圈量子引力理论的第二个结论更为极端：在"空间是连续的、物体存在其中"这个观念消失后，"时间不受事物影响、一直流逝"这个基本而又原始的想法也不复存在了。这些描述空间和物质的颗粒的方程不再包含"时间"这个变量。

这并不是说一切都保持稳态，没有变化。相反，它说明变化是普遍存在的，但我们不再能把这个基本过程形容为"一个瞬间接着另一个瞬间"。在空间颗粒的微小尺度下，大自然的舞步不再追随唯一的乐团指挥手中那根棒子挥出的同一节拍，每一个物理过程都有自己的节奏，独立于邻近的其他过程。时间的流逝发生在世界之内，从构成世界的量子事件之间的相互关系中产生，这些量子事件本身就是时间的源头。

这个理论描述的世界和我们熟知的那个相去甚远。这里不再有"包含"着世界的空间，也不再有事件发生"于其中"的时间。这里只有空间和物质的量子持续相互作用的基本物理过程。我们周围连续的空间和时间只是这些密集发生的基本过程产生的模糊景象。就像阿尔卑斯山上平静而清澈的湖泊，其实是无数微小的水分子快速舞动形成的。

用一个超强的放大镜逼近观察的话，第三课倒数第二幅图应该会表现出下面这样的颗粒状空间结构：

这个理论可以通过实验证实吗？我们正在进行思考和尝试，但目前还没有得到实验的证实。然而，已经有很多不同的尝试了。

其中之一源于对黑洞的研究。我们现在可以观测到天空中由恒星坍缩形成的黑洞。被自身的重量压垮后，组成恒星的物质坍塌，并从我们的视野中消失了。但它去了哪里呢？

如果圈量子引力理论正确的话，那么物质不可能坍缩成一个无穷小的点，因为无穷小的点是不存在的，存在的只有一块一块的有限空间。被自身重量压塌的物质，会变得越来越密，直到量子力学可以产生一个反作用力，来抗衡这个压力。

我们假定在恒星生命的最后阶段，时空的量子浮动平衡了物质本身的重量，这个阶段的恒星就被称为"普朗克恒星"（ Planck star ）。如果太阳停止燃烧，形成一个黑洞，那这个黑洞的直径约为 1.5 千米。在黑洞内部，组成太阳的物质会继续坍缩，最终形成一颗如原子般大小的普朗克恒星。组成太阳的全部物质挤压在一个原子大小的空间里，普朗克恒星就是由这种极端的物质状态形成的。

普朗克恒星是不稳定的。一旦压缩到最大程度，就会回弹，重新开始膨胀。这就会导致黑洞的爆炸。假设有一个人在黑洞内部，坐在普朗克恒星上，他看到的爆炸过程其实是极高速的回弹。但是，时间流逝的速度对于他和黑洞外的人是不同的，就像时间在高山上比在海边流逝得快一样。只因为是极端情况，所以这里时间流逝的速度差异极为巨大。对黑洞内部的观察者来说回弹是瞬间发生的，对外部的人来说却是一个极为漫长的过程。所以在我们看来，黑洞在很长时间内都没有变化。我们说黑洞就是回弹的恒星，只不过这个过程是以极慢的速度在我们眼前播放的。

有可能在宇宙初生瞬间的熔炉里，就有黑洞形成，其中有一些现在还在爆炸。如果是这样的话，我们或许可以在天空中观测到它们爆发时发射的信号，也就是来自天空的高能宇宙射线，从而观察和测量由量子

引力支配的现象的直接效果。这是一个大胆的想法，
有可能行不通，比如原始宇宙中并没有形成足够的黑
洞，让我们今天还能观测到它们的爆炸。但是寻找信
号之旅已经开始了，让我们拭目以待。

　　这个理论的另一个结论极其轰动，它有关宇宙
的起源。我们已经知道如何重建宇宙的历史，追溯
到最初它只有一丁点的时候，但是在此之前呢？圈
量子引力的方程让我们可以把宇宙的历史再往前推
一点。

　　我们发现，当宇宙被压缩到极限的时候，根据量
子理论会产生一个反作用力，造成大爆炸，这个著名
的大爆炸很可能实际上是大反弹：我们的宇宙在自身
重量下坍缩到非常小，然后反弹，开始膨胀，变成现
在我们周围不断扩张的宇宙。宇宙被压缩到坚果壳大
小，开始回弹的那一瞬间，就真正进入了量子引力的
领域：时间和空间一起消失了，世界融化成一团涌动
的概率云，尽管如此，我们还是可以用方程描述它。
而第三课的最后一幅图会变成这样：

　　我们的宇宙很可能诞生自某一个状态后的反弹，经历了一个过渡时期，在此期间，时间和空间都荡然无存。

　　物理开阔了人类的眼界，我们看到的东西不断地让我们惊异。我们意识到人类满脑子都是偏见，我们对世界本能的认识是片面的、狭隘的、不合时宜的。世界在我们的眼前不断变化，我们对它的认识也在一点一点地不断深入。

　　地球不是平的，不是静止不动的。如果我们把20世纪物理学所有的发现放在一起，得到的线索会完全推翻我们以往对物质、空间和时间的认识。圈量子引力就是在试图破译这些线索，让我们看到更远的地方。

第六课

概率、时间和黑洞的热

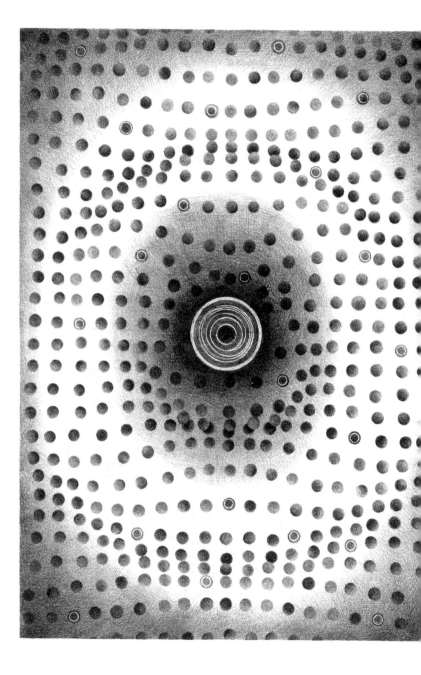

除了前面讲的那些描述世界基本构成的重要理论之外，物理学另有一座与众不同的伟大城堡，它提出了一个让人始料不及的问题，那就是："什么是热？"

　　直至 19 世纪中叶，物理学家们还认为热是一种流体，叫作"热质"，或者是两种流体，一冷一热，这种想法后来被证明是错误的。最终，英国物理学家麦克斯韦和奥地利物理学家玻尔兹曼（Ludwig Boltzmann）发现了热的本质。他们的发现美丽、奇异而又深刻，带领我们进入了一个人类至今仍知之甚少的领域。

　　他们发现，一个热的物质并不会包含热质，它发热仅仅是因为其中的原子运动速度更快。原子和原子团组成的分子处在不断运动的状态中，它们快速移动、振动、跳跃……冷空气之所以冷是因为空气中的原子，更确切地说是分子，跑得比较慢；热空气之所以热是因为空气中的分子跑得比较快。这个解释简洁而美妙，但故事还没完。

我们知道，热量总是从热的物体跑到冷的物体上。一个冷茶匙放到一杯热茶里会逐渐变热；在天寒地冻的环境里，如果穿得不够暖和，我们的身体会很快丢失热量，感到寒冷。为什么热量会从热的物体跑到冷的物体上，而不是反过来呢？

这是一个关键的问题，因为它关系到时间的本质。在所有不发生热交换，或热交换可以忽略不计的情况下，我们看到的未来和过去是一模一样的。例如，对于太阳系行星的运转而言，热量几乎是无关紧要的，所以行星即使逆向运转，也不会违反任何物理规律。可是一旦有热量存在，未来就和过去不同了。举个例子，如果没有摩擦，钟摆可以永远摆动下去。如果我们把这个摆动过程录下来，倒着播放，也不会觉得有任何问题。但是，如果存在摩擦，钟摆微微加热了底座，损失了能量，运动速度就会减慢。这就是摩擦生热，这时我们立刻就能分辨未来（钟摆变慢的方向）和过去。我们从来没有看到过一个钟摆吸收了底座的热量，从静止突然开始摆动。

只有存在热量的时候，过去和未来才有区别。能将过去和未来区分开来的基本现象就是热量总是从热的物体跑到冷的物体上。

那么，为什么热量会从热的物体跑到冷的物体上，而不是相反呢？

玻尔兹曼发现其中的原因惊人地简单：这完全是随机的。玻尔兹曼的解释非常精妙，用到了概率的概念。热量从热的物体跑到冷的物体上并非遵循什么绝对的定律，只是这种情况发生的概率比较大而已。原因在于：从统计学的角度看，一个快速运动的热物体的原子更有可能撞上一个冷物体的原子，传递给它一部分能量；而相反过程发生的概率则很小。在碰撞的过程中能量是守恒的，但当发生大量偶然碰撞时，能量倾向于平均分布。就这样，相互接触的物体温度会趋向于相同。热的物体和冷的物体接触后温度不降反升的情况并非完全不可能，只是概率小得可怜罢了。

将"概率"引入物理学的核心，直接用它来解释热动力学的基础，这一做法起初被认为荒谬至极，所以没人把玻尔兹曼当回事。这样的事在历史上屡见不鲜。1906 年 9 月 5 日，玻尔兹曼于的里雅斯特（Trieste）的杜伊诺镇（Duino）附近自缢而亡，他没有等到自己的理论被全世界认可的那一天。

那么概率后来是如何进入物理学核心位置的呢？在第二课，我提到过，量子力学认为，微观世界的粒子运动都是随机的。这里也引入了概率。但是，玻尔兹曼提出的和热有关的概率另有渊源，和量子力学没有关系。

在某种程度上，将概率引入热力学是由于我们的"无知"。我不确定某件事是否会发生，但我可以分配给它或高或低的概率。例如，我不知道马赛这里明天会下雨、天晴，还是会下雪，但我知道马赛 8 月下雪的概率很低。同样，对于绝大多数物体，我们都只是略知一二，并非完全了解，所以只能基于概率做出预测。比如一个充满气的气球，我可以测量它的形状、体积、压力、温度……但是气球中的空气分子正在快速运动，而我不知道其中每一个分子的确切位置，所以无法对气球接下来的运动做出准确的预测。比方说，如果我解开气球口上的结，然后放手，气球就会一边噗噗地泄气一边四处乱撞，我完全无法预见它的飞行方向，因为我只知道它的形状、体积、压力、温度。气球四处乱撞取决于它内部分子的分布情况，而我对此却不得而知。

　　但即使不能精准地预测所有事，我还是可以预测这种情况或者那种情况发生的概率。比如，气球从我的手上飞走，飞出窗外，绕着远处的灯塔转一圈又飞回来落在我手上的概率就非常小。有些情况发生的可能性会大些，而有些情况则几乎不可能发生。同样，当分子发生碰撞时，热量从热的物体传递到冷的物体上的概率是可以计算的，结果显示，这个概率比热量从冷的物体传递到热的物体的概率要大得多。

物理学中研究上述内容的分支叫统计物理学，它的成果之一就是从玻尔兹曼开始研究的热量和温度的概率特性，也就是热力学。

我们的"无知"暗含着世界运行方式的某些线索，这乍看很不合理。冷的茶匙在热茶里面会变热，气球放气的时候就会四处乱飞，与我知道与否毫无关系。支配世界的物理原理和我们知不知道有什么关系呢？这个问题理直气壮，答案却很微妙。

茶匙和气球的运动遵从物理规律，具有必然性，与我们知道与否毫不相干；它们行为的可预测性或不可预测性，与它们的具体状态无关，只与它们和我们相互作用的那一部分属性（如温度、压力）有关。具体是哪些属性，取决于我们与茶匙、气球相互作用的方式。因此，概率同物体自身的演化无关，只与物体跟我们相互作用的特定属性的变化有关。这又一次表明，我们用以组织这个世界的概念之间有着深刻的关联。

冰凉的茶匙在热茶里面变热，因为在无数个可以标示茶匙和茶的微观状态的变量中，它们只通过有限的变量与我们发生相互作用。这些变量的值虽然不足以准确推断未来（例如气球的运动轨迹），但是对于预测茶匙变热绰绰有余。

希望在这番细碎的讲解之后，诸位读者还有兴趣听我说话……

在 20 世纪的进程中，热力学（研究热的科学）和统计力学（研究各种运动的概率的科学）都延伸到了电磁场和量子现象的领域。

不过，当把它们延伸到引力场时，却出现了问题。温度升高时，引力场会如何变化，仍是一个未解的难题。我们知道电磁场加热后会发生什么：比如在用烤箱时，馅饼会被热的电磁辐射加热，我们知道怎样描述它——电磁波会振动，随机分配能量。我们可以把电磁波想象成由光子组成的气体，这些光子像热气球里面的分子一样运动。但是热引力场是什么？我们在第一课说到过，引力场就是空间本身，或者说是时空，因此，当热量在引力场扩散开来的时候，空间和时间也应该发生振动……但是我们还不知道如何描述它，我们还没有发现可以描述热时空的热振动的方程。

这些问题把我们引向时间问题的核心：时间的流动究竟是什么？

经典物理学中已经提到了这个问题，19、20 世纪的哲学家十分重视它，但在现代物理学中，这个问题变得更加棘手。物理学通过公式来描述世界，告诉我们物体是如何随"时间"而变化的。但是，我们也可以用另一些公式解释物体如何随"位置"的改变而变化，或者，烩饭的口味如何随"黄油的用量"而变化。时间看起来是在"流动"，但是黄油的量和空间中的位置不会"流动"。那么区别在哪里？

或者我们可以问问自己：什么是"现在"？我们说存在的事物是"现在"的事物：过去不再存在了，未来还不存在。但是，在物理学中，没有东西对应"现在"这个概念。对比一下"此刻"和"此处"。"此处"是指说话人所在的位置：如果有两个不同的人，"此处"就是指两个不一样的地方。因此，"此处"的意思取决于说话的地点，用术语表达就叫作指示性。

"此刻"指说话的这一瞬间，也具有指示性。没有人会说"此处"的东西是存在的，不在"此处"的东西就不存在。那么，为什么我们可以说"此刻"的东西是存在的，不在"此刻"的东西就不存在呢？究竟"此刻"是客观的，它的"流动"让物体一个接着一个地"存在"，还是，它和"此处"一样，是主观的？

　　这似乎是个深奥的脑力题，但解决这个问题却是现代物理学的当务之急，因为狭义相对论告诉我们"现在"的概念也是主观的。物理学家们和哲学家们得出结论：全宇宙共有同一个"现在"的观念是种幻觉，时间在宇宙中同步"流逝"这种概括也是行不通的。爱因斯坦在他的意大利好友米凯莱·贝索（Michele Besso）去世后给他的妹妹写了一封感人至深的信："米凯莱从这个奇怪的世界离开了，比我先走一步，但这没什么。像我们这样相信物理的人都知道，过去、现在和未来之间的分别只不过是持久而顽固的幻觉。"

　　不管是不是幻觉，如何解释对我们而言时间在"流逝"、"流动"和"过去"呢？时间的流逝对我们每个人来说都是显而易见的：我们想的事情、说的话都存在于时间中，就连语言本身的结构都离不开时间——一件事情"正在"、"已经"或者"将要"发生。我们可以想象一个没有颜色、没有物质，甚至没有空间的世界，却很难想象一个没有时间的世界。德国哲学家海德格尔（Martin Heidegger）强调，我们"栖居于时间之中"。会不会海德格尔视为根本的时间流逝这一特征，根本不存在？

一些哲学家，其中不乏海德格尔忠实的追随者，认定物理没有能力描述现实最根本的面向，甚至斥之为误导人的知识。但是历史已经多次证明，我们的直觉是不准确的。如果被困在直觉中，我们还想着地球是平的，太阳绕着地球转呢。直觉建立在我们有限的经验之上。当我们能够看得更远时，我们会发现世界并不是原先看上去那样：地球是圆的，开普敦的人是头朝下、脚在上的。相信直觉而罔顾科学家们理性、严谨、智慧的集体验证，是不明智的。这就像那种老头子的偏见：他不相信外面的大千世界跟自己住的小村庄有什么差别，不相信那里生活着他从未见过的人。

那么，时间流逝这个鲜活的经验从何而来？

我认为答案就在热量和时间的紧密联系中：只有当热量发生转移时，才有过去和未来的区别。热量与概率相关，而概率又决定了：我们和周围世界的互动无法追究到微小的细节。

这样一来，"时间的流逝"便在物理学中出现了，但并不是在精确地描述物体的真实状况时，而是更多地出现在统计学与热力学中。这可能就是揭开时间之谜的钥匙。"此刻"并不比"此处"更加客观，但是世界内部微观的相互作用促使某系统(比如我们自己)内部出现了时间性的现象，这个系统只通过无数变量相互作用。

我们的记忆和意识都建立在这些概率性的现象之上。假如存在一种超感觉的生物，那么对它来说，就不存在时间的"流逝"，宇宙会是没有过去、现在、未来之分的一整块。但是，由于我们意识的局限性，我们只能看到一幅模糊的世界图景，并栖居于时间之中。请容许我引用本书编辑的一句话："看不清的比看得清的更广阔。"正是这种对世界的模糊观察孕育了我们时光流逝的观念。

这就把一切说清楚了吗？并没有，还有好多问题有待解决。在引力、量子力学和热力学三者的交叉地带，许多问题纠缠在一起，而时间就位于这团乱麻的中心。我们还在黑暗中摸索。我们也许已经开始理解量子引力了，但它也只结合了三块拼图中的两块。我们还没有找到一个理论，把我们对世界的这三块基本理解拼到一起。

英国著名物理学家史蒂芬·霍金完成的一个计算给解决这个问题提供了一条线索。他身患重疾，只能缩在轮椅上，并借助辅助仪器说话，但仍在物理学研究上成就卓著。

霍金利用量子力学成功地证明了黑洞总是"热的"，像火炉一样放热。这是关于"热空间"性质的第一个具体迹象。从来没有人观测到这种热，因为在我们观测到的真实的黑洞中，这种热非常微弱。但是霍金的计算令人信服，在各种场合被人们引用，黑洞的热也被普遍认为是真实存在的。

黑洞的热是发生在黑洞这种物体上的量子效应，而黑洞本质上是引力性的。一个个空间量子，空间的基本颗粒，即那些振动的"分子"加热了黑洞表面，使黑洞放热。这个现象同时涉及问题的三个方面：量子力学、广义相对论和热力学。

黑洞的热如同物理学中的罗塞塔石碑，它用量子、引力和热力学三种语言写就，仍在等待解读，以告诉我们时间的本质。

尾声

我们

至此，我们已经从空间的深层结构旅行到了已知的宇宙边际。在课程结束之前，我想回过头来谈谈自己。

在现代物理学为世界描绘的这幅宏大画卷中，我们这些能够感知和决断、有着七情六欲的人类究竟扮演了什么角色？如果世界是一大团转瞬即逝的空间和物质的量子，一幅由空间和基本粒子组成的巨大拼图，那么我们是什么？难道我们也只是由量子和粒子构成的吗？如果是这样，那我们的个体存在感和自我意识从何而来？我们的价值、梦想、情感以及拥有的知识又是什么呢？在这个无边无际又五光十色的世界里，我们到底算什么？

我根本没想过在这寥寥数页中真正回答上述问

题。这个问题太难了。在现代科学的巨幅画卷中，我们不懂的东西太多，而其中懂得最少的问题之一就是我们自己。然而，如果回避这个问题或对其视而不见，我认为会让我们忽略一些本质的东西。我尝试从科学的角度描述这个世界的面貌，而我们也是这个世界的一部分。

"我们"，也就是人类，首先是观察这个世界的主体，是我试图完成的这幅实景照片的集体创作者。我们每个人都是交流网络上的节点，图像、工具、信息和知识就通过这张网传递，这本书就是一个例子。但我们也是我们所感知的这个世界不可或缺的一部分，而非置身事外的旁观者。我们身在其中，我们的观察来自内部。我们由原子和光信号构成，同山上的青松和星系中的群星间交换的原子和光信号并无区别。

随着知识的不断增长，我们越来越了解自己在宇宙中的地位——我们只是宇宙的一部分，而且是很小的一部分。在过去的几个世纪里，这一事实日渐清晰，而在近一百年间尤为明显。我们曾经以为自己居住的星球位于宇宙中心，但事实并非如此。我们曾经以为自己是动植物家族之外的独特物种，后来却发现我们同我们周围所有生物由共同的祖先繁衍而来，我们与蝴蝶和落叶松有着共同的祖先。我们就像独生子一样，在长大的过程中逐渐懂得，世界并非像我们小时候以为的那样，只围着我们转。我们必须接受自己只是万事万物中的一员这个事实，参照他者来认识自己。

　　在德国唯心主义思想的鼎盛时期，谢林（Friedrich Schelling）认为人是自然的顶峰，因为人类能够意识到自身。如今，从我们当下对自然界的认识来看，这个观点不禁令人莞尔。如果说我们有什么与众不同的话，也只是自我感觉层面的，如同每个母亲之于她的孩子。对自然界的其他事物而言，我们并没有什么特别。在宇宙浩瀚的星海中，我们身处一个偏僻的角落；在构成现实世界的无穷无尽、错综复杂的花纹图案中，我们不过是其中一朵花饰。

　　我们建构的宇宙图像存在于我们心中，在我们的思维之中。在这些图像——我们能够借助有限的手段重构和理解的事物——和我们身为其组成部分的真实世界之间，存在着无数滤镜：我们的无知，感官和智力的局限。正因为我们是主体，而且是特殊的主体，才会让这些条件影响了我们的经验。但这些条件并不像康德认为的那样具有普适性，他由此错误推导出，欧几里得的空间和牛顿力学都应该是先验为真的。其实，对我们这一物种的心智进化来说，这些东西是后验的，而且还在不断演进。我们不仅要学习，还要逐渐更新我们的概念框架，使之与我们的认知相匹配。我们尝试了解的是我们身处其中的这个真实世界，尽管这一过程缓慢而又犹疑。我们构建的宇宙图景存在于我们心中，在我们的概念空间里，但它们多多少少描绘了我们所处的这个真实世界。我们要循迹前行，以便更好地描绘这个世界。

当我们谈及宇宙大爆炸或空间的肌理时，并不是在延续几十万年来，人们围坐在夜晚篝火旁讲述的天马行空的故事。我们要延续的是另外的传统：先人们注视黎明第一缕曙光的眼力，他们可以借此发现热带大草原尘埃之上一只羚羊留下的足迹，通过观察真实世界中的蛛丝马迹来发现那些我们无法直接看到却有迹可循的东西。认识到我们可能会不断犯错，因此，一旦有新的迹象出现，我们要能随时改变方向，同时我们也清楚，如果我们足够聪明，就会做出正确的判断，找到我们追寻的东西。这就是科学的本质。

编故事和追寻踪迹发现事实是两种截然不同的人类活动，把这两者混为一谈，是当代文化中科学不被理解和信任之肇始。二者之间的分别很微妙：黎明时猎获的羚羊和前晚故事里讲的羚羊神相距并不遥远。界限是模糊的，神话与科学相互滋养。但知识总是有价值的。捉到羚羊，我们就能填饱肚子。

因此，我们的知识反映了真实。无论多寡，知识都反映了我们栖居的这个世界。

并不是我们与世界之间的交流使人类从自然界中脱颖而出。事实上，世间万物都在不断相互作用，彼此身上都会留下对方的印记，从这个意义上来说，所有事物都在不断地交换信息。

一个物理系统拥有的其他物理系统的信息，不包含任何精神的或主观的东西，只是受物理规律支配的某一事物状态与另一事物状态之间的联系。一滴雨水包含着天空中一片云的信息；一束光包含着发光物质颜色的信息；一块表包含着一日时间的信息；一阵风携带着一场即将到来的暴风雨的信息；一个流感病毒携带着我易受感染的鼻腔的信息；我们细胞中的DNA 包含着遗传密码的所有信息，让我长得像我父亲；我的大脑满满都是我在人生经验中积累的信息。我们思想的本质就是极其丰富的信息的集合，它们被积累、交换和不断加工。

就连我家暖气的温度调节器都能"感觉"和"了解"我家的温度，获得相关信息，在室温够高的时候，自动关掉暖气。那么，温度调节器和能"感知"冷热、自主决定是否关掉暖气并知道自己存在的我之间有什么不同呢？自然界中连续不断的信息交流是如何塑造我们和我们的思想的呢？

这是一个极具开放性的问题，目前有许多精妙的答案在讨论中。我认为，这是科学领域最有趣的前沿之一，将会有重大进展。如今，通过新的科学仪器我们可以观察大脑的活动，并且非常精确地绘制出大脑中错综复杂的网络。就在 2014 年，新闻报道说，第一幅介观（mesoscopic）尺度下的完整细致的哺乳动物大脑结构图已经被绘制出来。人们正在讨论，这种大脑结构的数字形式如何与意识的主观经验相对应，参与讨论的不仅有哲学家，还有神经科学家。

比如，在美国工作的意大利科学家朱利奥·托诺尼（Giulio Tononi）提出了一个有趣的数学理论，叫作"整合信息理论"，试图界定系统要有怎样的量化结构，才能具有意识。比如，描述我们清醒（有意识）时和睡着但无梦（无意识）时，大脑物理层面究竟发生了什么变化。这个理论还在发展中。关于我们的意识是如何形成的，这个问题目前还没有一个令人信服的、确定的答案。但我认为，迷雾正在渐渐散去。

还有一个与我们自身息息相关的问题，经常使我们困惑不解：假如我们的行为只能遵循自然既定的法则，那么自由地做出决定又意味着什么呢？难道在我们的自由感与世间万物运行的严谨规律之间就没有任何矛盾吗？也许我们身上有一些逃避自然法则的东西，让我们可以用自由的思考来扭转或偏离自然的法则？

不，我们身上没有任何东西可以逃过自然法则。假如真有那样的东西，那我们早该发现了。我们身上并没有违背事物自然表现的东西。整个现代科学，从物理学到化学，从生物学到神经科学，都在巩固我们的这一认知。

这个困惑的解答在别处。当我们认为自己很自由的时候，我们确实做得到，因为我们的行为由身体内部的大脑决定，不受外部因素左右。但是自由并不意味着我们的行为不受自然规律的支配，而是说明自然规律通过大脑的运作来决定我们的行为。我们的自由决定，是我们大脑中数十亿个神经元相互作用的结果，其交互极为丰富，无比迅速。我们的抉择固然自由，但却不可能超出神经元的相互作用。

　　这是否意味着当我做出决定的时候，那个决定的人就是"我"呢？对，当然是这样，难道"我"还能做出与我的神经元不同的决定吗？那也太荒谬了。正如 17 世纪荷兰哲学家斯宾诺莎（Baruch Spinoza）极为清楚地认识到的那样，这二者是一回事。其实并没有"我"和"我大脑的神经元"之分，这两者本是一码事。一个人就是一个程序，复杂而又极其完备。

　　当我们说人类的行为难以预料时，我们没说错，因为人类的行为过于复杂，尤其是让我们自己来预测就更难了。斯宾诺莎早就一针见血地指出，与我们身体内部发生的复杂过程相比，我们的自我认知和印象实在是太粗糙了，正因如此，我们才感觉自己拥有真切的自由。令我们感到惊讶的一切，其实都来源于我们自己。我们的大脑中有亿万个神经元，多得如同银河中的繁星，而这些神经元可能产生的关联与组合会是一个更加庞大的天文数字。然而对所有这些我们都是没有意识的。构成"我们"的是这整个错综复杂的过程，而不仅仅是我们能意识到的那一小部分。

那个做出决定的"我"就是这个通过自我观照而形成的"我",这个通过在世界中自我呈现而形成的我,这个以不同视角来理解自身而形成的我,这个通过能处理信息、情景再现的强大大脑形成的我,虽然形成方式尚不能完全明确,但我们已经能够隐约看到了。

当我们感受到是"我"在做决定时,应该是天经地义的,不然还能是谁呢?正如斯宾诺莎所言,我就是我的躯体、我的大脑和心中发生的庞大复杂活动的总和。

我在这本书中讲述的世界的科学图景与我们对自身的感觉并不矛盾,与我们在道德和心理层面上的思考,以及我们的情绪和感情也不矛盾。世界是复杂的,我们用各种各样的语言来捕捉它,它们一一对应于我们所描述的过程。每一个复杂的过程都可以在不同层面上以不同的语言被处理和理解。这些语言,如同它们描述的过程一样,穿插交错,彼此丰富。通过了解大脑中的生物化学过程,我们的心理学研究更精进了。

我们生命中的热情与情感，也能滋养理论物理的研究。

我们的道德价值、情感和爱是再真实不过的了，它们是自然界的一部分，是人类与动物界共享的财富，是我们这个物种通过千百万年的进化确定下来的。它们因其真实而更显珍贵。这些都是构成我们复杂存在的真实事物。我们的真实就是哭泣与欢笑，感恩与奉献，忠诚与背叛，是困扰我们的往昔，也是安详与宁静。我们的真实由我们的社群构成，由音乐引发的情感构成，由我们共同创造的错综复杂的常识网络构成。这一切都是我们描述的"自然"的一部分。人类是自然不可或缺的一部分，我们就是自然，是它数不胜数、千变万化的表现形式之一。当我们对世间万物的认识不断增长时，我们逐渐意识到了这一点。

让我们成为人类的那些特性并不意味着我们要与自然分离，它们也是自然的一部分。在我们这个星球上，自然可以进行无尽的组合，它不断调整，并使其各部分之间相互影响、彼此关联、交换信息，而人类只是它选取的一种形式。天晓得在宇宙无穷无尽的空间中存在着多少或哪些特殊的复杂性？也许是我们无法想象的形态……宇宙中的空间如此辽阔，认为在一个不起眼星系的边缘地带存在着什么特别的东西，不免天真。地球上的生命只是宇宙中可能发生的一个尝试，我们的灵魂也许只是一个小小的样本。

我们是一个好奇心很重的物种，在一个由至少十来个好奇心强的物种组成的属（人属）中，我们是唯一存活下来的一支。种群中的其他物种都已经灭绝。其中有些物种消失的时间并不长，比如尼安德特人，也就灭绝了三万多年。我们这个种群在非洲进化，近似于等级分明、相互争斗的黑猩猩，而更接近倭黑猩猩（bonobo），也就是小而安静的黑猩猩，它们愉快地聚居一处，地位平等。作为一个不断走出非洲、去探索新世界的种群，我们走得很远，远到巴塔哥尼亚高原，远到月亮之上。好奇并不违反自然，我们的天性就是会好奇。

十万年前，或许正是出于这种好奇心，我们这个物种从非洲出发，学着眺望远方。夜晚，我在飞越非洲大陆时浮想联翩，假如在我们这些遥远的祖先中，有一个站立起来，朝着北方的旷野行进，他仰头看天时，会不会想到在遥远的未来，他的一个子孙正在这片天空中飞行，思考着事物的本质，而起因正是与他一样的好奇心。

我认为，我们这个物种不会延续很久。我们似乎没有乌龟的那种本事，能够几亿年来一直保持着原来的样子，那可是人类存在时间的好几百倍。我们属于一个短命的物种，所有的表亲都已经全部灭绝。而且我们一直在破坏。我们已经造成气候和环境的恶化，恐怕自己也难逃恶果。对地球来说，这只是一个无关紧要的小挫折，但我认为，人类将很难安然无恙地渡过这个难关。更糟的是，公众舆论和政治观点倾向于把头深埋在沙子里，无视我们正在面临的危险。在地球上，我们也许是唯一知道我们的个体必将死亡的物种，我害怕在不久的将来我们也会成为唯一一个眼睁睁看着自己末日到来的物种，或至少是见证自己文明灭亡的物种。

就像我们或多或少都知道该如何面对个体的死亡一样，我们也知道如何面对我们文明的覆灭。并没有太大的不同，这当然不会是第一个覆灭的文明。玛雅文明和克里特文明，还有许多其他文明都已经成为过去。我们的生死如同星辰的生灭，个体如此，全人类也是如此。这就是我们的现实。生命正是因为短暂才宝贵。诚如古罗马哲学家卢克莱修（Titus Lucretius Carus）所言："我们对生命的胃口是贪得无厌的，我们对生命的渴求是永不满足的。"（《物性论》卷三，第 1084 行）

自然塑造了我们，指引着我们，我们沉浸其中，并非无家可归，并非悬在两个世界之间，以为自己只有一部分属于自然，眷恋着旁的东西。不，我们就在家中。

自然是我们的家，在自然中我们就是在家。我们探索的这个奇妙世界，五光十色，令人惊异，在这里空间是颗粒状的，时间是不存在的，物体也可能不在任何地方，但它并未使我们远离真实的自我，只是与生俱来的好奇心向我们展示了我们的栖居之地，展示了我们由什么构成。我们与世间万物一起，是由同样的星尘塑造的，无论我们沉浸在痛苦之中，还是焕发出喜悦的光芒，我们都必须承认，我们是世界的一部分。

卢克莱修用美妙的诗句表达了同样的意思：

……我们都来自同样的种子；

拥有同一个父亲，

如母亲般哺育我们的大地，

接收清澈的雨滴，

产出明亮的麦穗，

繁茂的绿树，

还有人类，

和各种野兽，

供给食物，滋养生灵，

过着幸福的生活，

繁衍子嗣……

（《物性论》卷二，第 991－997 行）

我们的爱与真诚与生俱来，我们天生就渴望懂得更多，渴望不断学习。我们对世界的认知在不断增长。在知识的边界，我们的求知欲在燃烧。我们渴望探索空间纹理的细微之处，探索宇宙的起源，时间的本质，黑洞的现象，以及我们思维的运行。

现在，在人类已知事物的最前沿，我们将要航行于未知的海洋，世界的奥秘与美丽熠熠生辉，让我们目眩神迷。

索引

译者简介

文铮，北京人，意大利罗马大学文学博士，北京外国语大学意大利语副教授，中国意大利研究会副会长，中国译协意大利语翻译研究会秘书长，意大利国家"骑士之星"勋章获得者。

长期从事意大利语文学翻译研究与教学工作，主要译著有《卡尔维诺文集》《耶稣会与天主教进入中国史》《质数的孤独》《布拉格公墓》等。

著作权合同登记号：图字 18-2016-024

图书在版编目（CIP）数据

七堂极简物理课 / (意) 罗韦利 （Rovelli,C.）著；文铮, 陶慧慧译. -- 长沙：湖南科学技术出版社，2016.5（2024.3重印）
ISBN 978-7-5357-8927-3

Ⅰ.①七… Ⅱ.①罗… ②文… ③陶… Ⅲ.①物理学－普及读物 Ⅳ.①O4-49

中国版本图书馆CIP数据核字（2016）第048172号

上架建议：畅销·科普

QI TANG JIJIAN WULI KE
七堂极简物理课

著　　者：［意］卡洛·罗韦利
译　　者：文　铮　陶慧慧
审　　校：李　淼
封面艺术：科拉莉·比克福德－史密斯
内文插图：马岱姝
出 版 人：张旭东
责任编辑：林澧波
监　　制：吴文娟
策划编辑：董　卉
版权支持：辛　艳　刘子一
营销编辑：闵　婕　傅　丽
装帧设计：索　迪
封面设计：索　迪　利　锐
出版发行：湖南科学技术出版社（长沙市湘雅路276号）
经　　销：新华书店
印　　刷：北京中科印刷有限公司
开　　本：855mm×1180mm　1/32
印　　张：3.5
版　　次：2016年5月第1版
印　　次：2024年3月第21次印刷
书　　号：ISBN 978-7-5357-8927-3
定　　价：52.00元

若有质量问题，请致电质量监督电话：010-59096394
团购电话：010-59320018